谨以此书献给

为甘肃省

第二次重点保护野生植物调查

付出辛勤劳动的

各位领导及同仁

编委会

《甘肃省重点保护野生植物图鉴》

前言

重点保护野生植物是自然生态系统的重要组成部分，具有很高的生态、经济、文化、科研和社会价值，蕴涵着人类社会可持续发展的资源潜力，在生态文明建设中具有特殊的作用和意义。

由于几十年来我国人口的快速增长及经济的高速发展，对野生植物资源的需求不断扩大，对野生植物生境的破坏、不合理地开发利用和环境污染等，使许多野生植物的生存面临严重威胁。

为了加强对野生植物的管理和保护，我国采取了一系列措施，开展了卓有成效的工作。国家先后发布实施了《野生植物保护条例》、《自然保护区条例》、《濒危野生植物进出口管理条例》等法规，启动了《全国极小种群野生植物拯救保护工程规划》，开展了第二次全国重点保护野生植物资源调查工作，并发布了《中国植物红皮书》、《中国物种红色名录》。通过采取就地保护和迁地保护等一系列措施，进一步加强对野生植物的拯救保护。

提高保护管理和执法水平，提高对野生植物的识别和鉴别能力，一直是野生植物保护管理需要重点强化和努力解决的问题。为此，甘肃省小陇山林业调查规划院以承担甘肃省第二次重点保护野生植物调查内业汇总工作为契机，并通过收集整理，在全部完成调查工作的基础上，编写了《甘肃省重点保护野生植物图鉴》一书。本次共调查重点保护野生植物27种，其中国家一级保护5种，国家二级保护13种，省级保护9种。厅直相关单位，各地州、市、县林业局、保护局，在调查期间对照片的拍摄付出了大量的时间和精力，在此表示诚挚感谢。由于时间仓促，水平有限，不足之处，望广大读者批评指正。

编者

编写说明

《甘肃省重点保护野生植物图鉴》

1．本书所列重点保护野生植物为甘肃省第二次重点保护野生植物调查的植物。图鉴照片为各调查单元实地拍摄。

2．保护等级根据《国家重点保护植物名录（第一批）》（1999年）公布确定。本书物种分布信息按照甘肃省第二次重点保护野生植物调查各调查单元的调查结果确定。

3．本书物种排列按地域从西到东排列。

4．本书物种命名以《中国高等植物图鉴》（科学出版社1994年版）为准。

目录

《甘肃省重点保护野生植物图鉴》

一、梭梭

Haloxylon ammodendron (C.A.Mey.) Bunge

藜　科 Chenopodiaceae

梭梭属 *Haloxylon* Bunge

【保护等级】省级

【分布区域】酒泉市金塔县、瓜州县、敦煌市、肃北蒙古族自治县、阿克

塞哈萨克族自治县，张掖市民乐县，金昌市金川区，武威市民勤县，敦煌西湖国家级自然保护区。

【形态特征】小乔木，高1～9米，树干地径可达50厘米。树皮灰白色，木材坚而脆；老枝灰褐色或淡黄褐色，通常具环状裂隙；当年枝细长，斜升或弯垂，节间长4～12毫米，直径约1.5毫米。叶鳞片状，宽三角形，稍开展，先端钝，腋间具棉毛。花着生于二年生枝条的侧生短枝上；小苞片舟状，宽卵

形，与花被近等长，边缘膜质；花被片矩圆形，先端钝，背面先端之下1/3处生翅状附属物；翅状附属物肾形至近圆形，宽5～8毫米，斜伸或平展，边缘波状或啮蚀状，基部心形至楔形；花被片在翅以上部分稍内曲并围抱果实；花盘不明显。胞果黄褐色，果

皮不与种子贴生。种子黑色，直径约2.5毫米；胚盘旋成上面平下面凸的陀螺状，暗绿色。花期5～7月，果期9～10月。

【保护价值】遏制土地沙化，维护生态平衡，并在其根部寄生有传统的珍稀名贵补益类中药材肉苁蓉，具有很高的经济价值。

二、裸果木

Gymnocarpos przewalskii Maxim.

石 竹 科 Caryophyllaceae
裸果木属 *Gymnocarpos* Forssk.

【保护等级】省级

【分布区域】酒泉市瓜州县、敦煌市、玉门市、肃北蒙古族自治县、阿克塞哈萨克族自治县，安南坝国家级自然保护区，盐池湾国家级自然保护区，祁连山国家级自然保护区，连古城国家级自然保护区，张掖市肃南裕固族自治县，武威市民勤县，白银市景泰县。

【形态特征】亚灌木状，高50～100厘米。茎曲折，多分枝；树皮灰褐色，剥裂；嫩枝赭红色，裸果木节膨大。叶几无柄，叶片稍肉质，线形，略成圆柱状，长5～10毫米，宽1～1.5毫米，顶端急尖，具短尖头，基部稍收缩；托叶膜质，透明，鳞片状。聚伞花序腋生；苞片白色，膜质，透明，宽椭圆形，长6～8毫米，

宽3～4毫米；花小，不显著；花萼下部连合，长1.5毫米，萼片倒披针形，长约1.5毫米，顶端具芒尖，外面被短柔毛；花瓣无；外轮雄蕊无花药，内轮雄蕊花丝细，长约1毫米，花药椭圆形，纵裂；子房近球形。瘦果包于宿存萼内；种子长圆形，直径约0.5毫

米，褐色。花期5～7月，果期8月。

【保护价值】对研究中国西北、内蒙古荒漠的发生、发展、气候的变化以及旱生植物区系成分的起源有重要的科学研究价值，也是很好的固沙植物。

三、沙拐枣

Calligonum mongolicum Turcz.

蓼　　科 Polygonaceae
沙拐枣属 *Calligonum* L.

【保护等级】省级

【分布区域】酒泉市肃州区、金塔县、瓜州县、敦煌市、肃北蒙古族自治县、阿克塞哈萨克族自治县，安南坝国家级自然保护区，敦煌西湖国家级自然保护区，连古城国家级自然保护区，武威市民勤县、石羊河林业总场。

【形态特征】灌木，高25～150厘米。老枝灰白色或淡黄灰色，开展，拐曲；当年生幼枝草质，灰绿色，有关节，节间长0.6～3厘米。叶线形，长2～4毫米。花白色或淡红色，通常2～3朵，簇生叶腋；花梗细弱，长1～2毫米，下部有关节；花被片卵圆形，长约2毫米，果时水平伸展。果实（包括刺）宽椭圆形，通常长8～12毫米，宽7～11毫米；瘦果不扭转、微扭转或极扭转，条形、窄椭圆形至宽椭圆形；果肋突起或突起不明

显，沟槽稍宽成狭窄，每肋有刺2～3行；刺等长或长于瘦果之宽，细弱，毛发状，质脆，易折断，较密或较稀疏，基部不扩大或稍扩大，中部2～3次2～3分叉。花期5～7月，果期6～8月。

【保护价值】含有丰富的粗蛋白，有很高的药用价值，更是先锋固沙植物。

四、沙生柽柳

Tamarix taklamakanensis M.T.Liu

柽柳科 Tamaricaceae

柽柳属 *Tamarix* Linn.

【保护等级】省级

【分布区域】敦煌西湖国家级自然保护区。

【形态特征】大灌木或小乔木，高3～6米，茎直立，树皮多呈黑紫色，光亮；细枝多呈赭石色，一、二年生枝条细而软，常下垂。叶退化，在绿色营养枝上的叶几全部抱茎呈鞘状，使小枝如分节，叶仅先端游离，微向外斜伸，呈阔三角形，长仅为1毫米，春季灰绿色，进入夏季大部分变为黄绿色；生长枝上的叶卵状披针形，先端渐尖或

锥形，基部宽半抱茎，略下延。总状花序夏秋生于当年生木质化生长枝顶端，集成顶生疏松的大圆锥花序，每一总状花序长5～7（～12）厘米，宽6～8毫米，着花稀疏，1厘米内仅有花3朵；花枝和果经冬不落；苞片宽三角状卵形，基部宽，半抱茎，长0.9毫米，短于花梗长的1/2；花梗长约2毫米；花5出，较大，花冠直径4～5.5（～7）毫米；萼片5，卵形，淡黄绿色，较花梗为短；花冠开展，粉红色；花瓣5，倒卵形或长倒卵形，上部边缘两侧略向外反折，下部略向外鼓，长3～4毫米，宽2～2.5毫米，花后散落；花盘5裂；雄蕊5，花丝粗壮，挺直而不弯曲，比雌蕊略短，基部稍膨大，着生于花盘裂片的顶端，花药心形，顶端钝圆，无突起；花柱3，基部联合，较长，上部紧靠在一起，有时弯曲，柱头短，圆头状。

蒴果圆锥状瓶形，长5～7毫米，宽2.5毫米，土黄色或黄灰色，3瓣裂，内含15～20枚种子；种子大，短棒状，长2～2.5（～3）毫米，宽0.7毫米，黑紫色，顶端丛生白色毛。花期7～9月，可部分延至10月初。

【保护价值】该树种是中国西部荒漠地区流动沙丘上优良先锋固沙造林树种，也是中国特有种，对研究亚洲中部荒漠植物区系的特点和本属的系统发育均有一定的科学意义。

五、蒙古扁桃

Amygdalus mongolica (Maxim.) Ricker

蔷薇科 Rosaceae

桃　属 *Amygdalus* L.

【保护等级】省级

【分布区域】酒泉市肃北蒙古族自治县，祁连山国家级自然保护区，连古城国家级自然保护区，张掖市高台县、临泽县、肃南裕固族自治县，金昌市永昌县，白银市景泰县。

【形态特征】灌木，高1～2米；枝条开展，多分枝，小枝顶端转变成枝刺；嫩枝红褐色，被短柔毛，老时灰褐色。短枝上叶多簇生，长枝上叶常互生；叶片宽椭圆形、近圆形或倒卵形，长8～15毫米，宽6～10毫米，先端

圆钝，有时具小尖头，基部楔形，两面无毛，叶边有浅钝锯齿，侧脉约4对，下面中脉明显突起；叶柄长2～5毫米，无毛。花单生稀数朵簇生于短枝上；花梗极短，萼筒钟形，长3～4毫米，无毛；萼片长圆形，与萼筒近等长，顶端有小尖头，无毛；花瓣倒卵形，长5～7毫米，粉红色；雄蕊多数，长短不一致；子房被短柔毛；花柱细长，几与雄蕊等长，具短柔毛。果实宽卵球形，长12～15毫米，宽约10毫米，顶端具急尖头，外面密被柔毛；果梗短，果肉薄，成熟时开裂，离核；核卵形，长8～13毫米，顶端具小尖头，基部两侧不对称，腹缝压扁，背缝不压扁，表面光滑，具浅沟纹，无孔穴；种仁扁宽卵形，浅棕褐色。花期5月，果

期8月。属濒危种。

【保护价值】对研究亚洲中部干旱地区植物区系有一定的科学价值。为主要的木本油料树种之一，种仁含油率约为40%，其油可供食用，种仁可代替李仁入药。可作核果类果树的砧木和干旱地区的水土保持植物。

六、肉苁蓉

Cistanche deserticola Ma

列当科 Orobanchaceae

肉苁蓉属 *Cistanche* Hoffmg. et Link

【保护等级】省级

【分布区域】酒泉市肃北蒙古族自治县。

【形态特征】高大草本，高40～160厘米，大部分地下生。茎不分枝或自基部分2～4枝，下部直径可达5～10（～15）厘米，向上渐变细，直径2～5厘米。肉苁蓉

叶宽卵形或三角状卵形，长0.5～1.5厘米，宽1～2厘米，生于茎下部的较密，上部的较稀疏并变狭，披针形或狭披针形，长2～4厘米，宽0.5～1厘米，两面无毛。花序穗状，长15～50厘米，直径4～7厘米；花序下半部或全部苞片较长，与花冠等长或稍长，卵状披针形、披针形或线状披针形，连同小苞片和花冠裂片外面及

边缘疏被柔毛或近无毛；小苞片2枚，卵状披针形或披针形，与花萼等长或稍长。花萼钟状，长1～1.5厘米，顶端5浅裂，裂片近圆形，长2.5～4毫米，宽3～5毫米。花冠筒状钟形，长3～4厘米，顶端5裂，裂片近半圆形，长4～6毫米，宽0.6～1厘米，边缘常稍外卷，颜色有变异，淡黄白色或淡紫色，干后常变棕褐色。雄蕊4枚，花丝着生于距筒基部5～6毫米处，长1.5～2.5厘米，基部被皱曲长柔毛，花药长卵形，长3.5～4.5毫米，密被长柔毛，基部有骤尖头。子房椭圆形，长约

1厘米，基部有蜜腺，花柱比雄蕊稍长，无毛，柱头近球形。蒴果卵球形，长1.5～2.7厘米，直径1.3～1.4厘米，项端常具宿存的花柱，2瓣开裂。种子椭圆形或近卵形，长0.6～1毫米，外面网状，有光泽。花期5～6月，果期6～8月。

【保护价值】肉苁蓉素有“沙漠人参”之美誉，具有极高的药用价值，是中国传统的名贵中药材。也是古地中海残遗植物，对于研究亚洲中部荒漠植物区系具有一定的科学价值。

七、巴山榧树

Torreya fargesii Franch.

红豆杉科 Taxaceae

榧 树 属 *Torreya* Arn.

【保护等级】国家Ⅱ级

【分布区域】陇南市成县、徽县、武都区，裕河省级自然保护区，小陇山林业实验局，小陇山国家级自然保护区，白水江国家级自然保护区。

【形态特征】常绿乔木，高达12米，树皮深灰色，不规则纵裂；1年生枝绿色，2～3年生枝黄绿色或黄色，叶条形，稀条状披针形，先端具刺状短尖头，基部微偏斜，宽楔形，上面无明显中脉，有两条明显的

凹槽，叶背面气孔带较中脉带为窄，干后呈淡褐色，绿色边带较宽，约为气孔带的一倍，种子卵圆形，球形或宽椭圆形，径约1.5厘米，假种皮微被白粉，种皮内壁平滑，胚乳向内深皱。

【保护价值】中国特有种，分布区范围小，生态环境较狭窄，材质优良。

八、大果青杆

Picea neoveitchii Mast.

松　科 Pinaceae

云杉属 *Picea* Dietr.

【保护等级】国家Ⅱ级

【分布区域】白龙江林业管理局舟曲林业局。

【形态特征】常绿乔木，高15～25米，胸径50厘米；树皮灰色，裂成鳞片状脱落；小枝具凸起的叶枕，基部有紧贴而宿存的芽鳞，1年生枝淡黄色或淡黄褐色，无毛，2～3年生枝淡黄灰色或灰色，老枝暗灰

色；冬芽卵圆形或圆锥状卵圆形，微具树脂，芽鳞淡紫褐色。小枝上面之叶向上伸展，下面之叶辐射伸展或小枝下面和两侧的叶向上弯伸，钻形，长1.5～2.5厘米，宽约2毫米，深绿色，先端急尖，横切面近菱形，通常高于宽，每边有4～7条气孔线。球果长圆状圆柱形或卵状圆柱形，下垂，长8～14厘米，直径5～6.5厘米，成熟时淡褐色或褐色；种鳞斜方状五角形，长2～2.7厘米，宽2～3厘米，先端宽圆或近三角状；苞鳞短小，长约5毫米；种子倒卵圆形，长5～6毫米，种翅宽大，倒卵状，长1.5～2.2厘米，宽约1厘米。

【保护价值】系秦岭特有种，因破坏严重，残存林木极少，其种鳞宽大，极为特殊，对研究植物区系、云杉属分类和保护物种均有科学意义。树干通直，木材优良，为建筑、家具等良材。

九、独花兰

Changneinia amoena S.S. Chien

兰　　科 Orchidaceae

独花兰属 *Changnienia* S.S.Chien

【保护等级】省级

【分布区域】陇南市康县，裕河省级自然保护区，白水江国家级自然保护区。

【形态特征】陆生兰。假鳞茎具节，淡黄白色，顶生1枚叶。叶具柄，叶片宽卵形或宽

椭圆形，长7～11厘米，宽4.5～8厘米，全缘，下面带紫红色；叶柄长5.5～9.5厘米。3～4月开花，花莛上有2～3枚鞘状退化叶；花单朵顶生，直径5.5～7厘米，常淡紫色，罕为白色；萼片3，长圆状披针形；花瓣倒卵状匙形；唇瓣宽大，3裂，侧裂片斜卵形，直立，围抱蕊柱，中裂肾形，边缘稍皱波，内面唇盘上具5条纵褶片，具紫红色疣点和细点，基部具长约2厘米稍弯曲的距。花期3～4月。

【保护价值】优良的野生花卉，假鳞茎是治疗疮毒与蛇伤的良药；其全草、根用于治疗咳嗽、痈疽疖肿、湿疮、疥癣等，具有很高的药用价值。

十、独叶草

Kingdonia uniflora Balf.f.et W. W. Sm.

毛茛科 Ranunculaceae

独叶草属 *Kingdonia* Balf.

【保护等级】国家 I 级

【分布区域】陇南市礼县、文县，甘南藏族自治州舟曲县、迭部县，白龙江林业管理局白水江林业局、迭部林业局、洮河林业局，洮河国家级自然保护区，白水江国家级自然保护区。

【形态特征】多年生草本，高达10厘米，无毛。根状茎细长，分枝，生多数不

定根；芽鳞3，膜质，卵形，长4～7毫米。叶常1片基生，心状圆形，宽3.5～7厘米，5全裂，中、侧裂片断浅裂，下面的裂片不等2深裂，顶部边缘有小锯齿，下面粉绿色；脉序开放二叉分歧；叶柄长5～11厘米，单花，花莛高7～12.5厘米；花被片（4～）5～6（～7），淡绿色，卵形，长5～7.5毫米，顶端渐尖，基部狭且具线状紫斑；退化雄蕊（3～）5～8；心皮3～7（～9），长约1.4毫米，种子白色，扁椭圆形，长3～3.5毫米。在繁花似锦、枝繁叶茂的植物世界中，独叶草是最孤独的。论花，它只有一朵，数叶，

仅有一片，真是“独花独叶一根草”。独叶草的地上部分高约10厘米，通常只生一片具有5个裂片的近圆形的叶子，开一朵淡绿色的花；而小草的地下是细长分枝的根状茎，茎上长着许多鳞片和不定根，叶和花的长柄就着生在根状茎的节上。

【保护价值】对研究被子植物的进化和该科的系统发育有科学意义；其根、叶可治跌打损伤、瘀肿疼痛、风湿筋骨痛。

十一、珙桐

Davidia involucrata Baill.

蓝果树科 Nyssaceae

珙 桐 属 *Davidia* Baill.

【保护等级】国家Ⅰ级

【分布区域】白水江国家级自然保护区。

【形态特征】落叶乔木，高15～20米，稀达25米；胸高直径约1米；树皮深灰色或深褐色，常裂

成不规则的薄片而脱落。幼枝圆柱形，当年生枝紫绿色，无毛，多年生枝深褐色或深灰色；冬芽锥形，具4～5对卵形鳞片，常成覆瓦状排列。叶纸质，互生，无托叶，常密集于幼枝顶端，阔卵形或近圆形，长9～15厘米，宽7～12厘米，顶端急尖或短急尖，

具微弯曲的尖头，基部心脏形或深心脏形，边缘有三角形而尖端锐尖的粗锯齿，上面亮绿色，初被很稀疏的长柔毛，渐老时无毛，下面密被淡黄色或淡白色丝状粗毛，中脉和8～9对侧脉均在上面显著，在下面凸起；叶柄圆柱形，长4～5厘米，稀达7厘米，幼时被稀疏的短柔毛。两性花与雄花同株，由多数的雄花与1个雌花或两性花成近球形的头状花序，直径约2厘米，着生于幼枝的顶端，两性花位于花序的顶端，雄花环绕于其周围，基部具纸质、矩圆状卵形或矩圆状倒卵形花瓣状的苞片2～3枚，长7～15

厘米，稀达20厘米，宽3～5厘米，稀达10厘米，初淡绿色，继变为乳白色，后变为棕黄色而脱落。雄花无花萼及花瓣，有雄蕊1～7，长6～8毫米，花丝纤细，无毛，花药椭圆形，紫色；雌花或两性花具下位子房，6～10室，与花托合生，子房的顶端具退化的花被及短

小的雄蕊，花柱粗壮，分成6～10枝，柱头向外平展，每室有1枚胚珠，常下垂。果实为长卵圆形核果，长3～4厘米，直径15～20毫米，紫绿色具黄色斑点，外果皮很薄，中果皮肉质，内果皮骨质具沟纹，种子3～5枚；果梗粗壮，圆柱形。花期4月，果期10月。

【保护价值】珙桐有“植物活化石”之称，是国家8种一级重点保护植物中的珍品，因其花形酷似展翅飞翔的白鸽而被西方植物学家命名为“中国鸽子树”。

十二、光叶珙桐

Davidia involucrata Baill. var. *vilmoriniana*

蓝果树科 Nyssaceae
珙 桐 属 *Davidia* Baill.

【保护等级】国家Ⅰ级

【分布区域】白水江国家级自然保护区

【形态特征】落叶乔木，高15～20米，稀达25米。叶纸质，互生，无托叶，常密集于幼枝顶端，

阔卵形或近圆形；叶下面常无毛或幼时叶脉上被很稀疏的短柔毛及粗毛，有时下面被白霜。两性花与雄花同株，由多数的雄花与1个雌花或两性花成近球形的头状花序，直径约2厘米，着生于幼枝的顶端；两性花位于花序的顶端，雄花环绕于其周围，雄花无花萼及花瓣，紫色。果实为长卵圆形核果，长3～4厘米，直径15～20毫米，紫绿色具黄色斑点。

【保护价值】有“植物活化石”之称，是国家8种一级重点保护植物中的珍品，为中国独有的珍稀名贵观赏植物，又是制作细木雕刻、名贵家具的优质木材。

十三、红椿

Toona ciliata Roem.

楝　科 Meliaceae

香椿属 *Toona* Roem.

【保护等级】国家Ⅱ级

【分布区域】陇南市康县、文县，裕河省级自然保护区，白水江国家级

自然保护区。

【形态特征】落叶或近常绿乔木，树高可达35米，胸径110厘米。树干红椿树通直，树皮灰褐色，鳞片状纵裂。小枝被锈色柔毛，渐变无毛。叶互生，偶数羽状复叶，小叶7～14对，对生或近对生，长圆形或披针形，基部不对称，顶端尾状渐尖，全缘。圆锥花序顶生。花两性，子房被毛。蒴果倒卵状椭圆形，长2.5～3.5厘米，密

被显著的皮孔。种子亮褐色，两端具膜质翅。

【保护价值】名贵的用材树种，材色红褐，花纹美丽，质地坚韧，最适宜制作高级家具。

十四、红豆杉

Taxus chinensis（pilger）Rehd.

红豆杉科 Taxaceae

红豆杉属 *Taxus* Linn.

【保护等级】国家Ⅰ级

【分布区域】天水市秦州区、麦积区，陇南市西和县、成县、徽县、康县、武都区、文县，小陇山林业实验局，小陇山国家级自然保护区，甘南藏族自治州舟曲县、迭部县，白龙江林业管理局白水江林业局、舟曲林业局，白水江国家级自然保护区。

【形态特征】常绿乔木，小枝秋天变成黄绿色或淡红褐色，叶条形，雌雄异株，

种子扁圆形。种子用来榨油，也可入药。属浅根植物，其主根不明显、侧根发达，高30米，干径达1米。叶螺旋状互生，基部扭转为二列，条形略微弯曲，长1～2.5厘米，宽2～2.5厘米，叶缘微反曲，叶端渐尖，叶背有2条宽黄绿色或灰绿色气孔带，中脉上密生有细小凸点，叶缘绿带极窄，雌雄异株，雄球花单生于叶腋，雌

球花的胚珠单生于花轴上部侧生短轴的顶端，基部有圆盘状假种皮。种子扁卵圆形，有2棱，假种皮杯状，红色。

【保护价值】第三纪孑遗的珍贵树种，其树皮和树叶中提炼出来的紫杉醇对多种晚期癌症疗效突出，被称为“治疗癌症的最后一道防线”。

十五、红豆树

Ormosia hosiei Hemsl.et Wils.

豆　科 Leguminosae

红豆属 *Ormosia* Jacks.

【保护等级】国家Ⅱ级

【分布区域】陇南市康县、文县，裕河省级自然保护区，白水江国家级自然保护区。

【形态特征】常绿或落叶乔木，高达20～30米，胸径可达1米；树

皮灰绿色，平滑。小枝绿色，幼时有黄褐色细毛，后变光滑；冬芽有褐黄色细毛。奇数羽状复叶，长12.5～23厘米；叶柄长2～4厘米，叶轴长3.5～7.7厘米，叶轴在最上部一对小叶处延长0.2～2厘米生顶小叶；小叶（1～）2（～4）对，薄革质，卵形或卵状椭圆形，稀近圆形，长3～10.5厘米，宽1.5～5厘米，先端急尖或渐尖，基部圆形或阔楔形，上面深绿色，下面淡绿色，幼叶疏被细毛，老则脱落无毛或仅下面中脉有疏毛，侧脉8～10对，和中脉成60°角，干后侧脉和细脉均明显凸起成网格；小叶柄长2～6毫米，圆形，无凹槽，小叶柄及叶轴疏被毛或无毛。圆锥花序顶生或腋生，长15～20厘米，下垂；花疏，有香气；花梗长1.5～2厘

米；花萼钟形，浅裂，萼齿三角形，紫绿色，密被褐色短柔毛；花冠白色或淡紫色，旗瓣倒卵形，长1.8～2厘米，翼瓣与龙骨瓣均为长椭圆形；雄蕊10，花药黄色；子房光滑无毛，内有胚珠5～6粒，花柱紫色，线状，弯曲，柱头斜生。荚果近圆形，扁平，长3.3～4.8厘米，宽2.3～3.5厘米，先端有短喙，果颈长5～8毫米，果瓣近革质，厚2～3毫米，干后褐色，无毛，内壁无隔膜，有种子1～2粒；种子近圆形或椭圆形，长1.5～1.8厘米，宽1.2～1.5厘米，厚约5毫米，种皮红色，种脐长9～10毫米，位于长轴一侧。花期4～5月，果期10～11月。

【保护价值】木材坚硬细致，纹理美丽，有光泽，边材不耐腐，易受虫蛀，心材耐腐朽，为优良的木雕工艺及高级家具等用材；根与种子入药；树姿优雅，是很好的庭园树种。

十六、厚朴

Magnolia officinalis Rehd.et Wils.

木兰科 Magnoliaceae
木兰属 *Magnolia* Linn.

【保护等级】国家II级
【分布区域】陇南市西和县、康县、文县，小陇山林业实验局，小陇山国家级自然保护区，白龙

江林业管理局白水江林业局，裕河省级自然保护区，白水江国家级自然保护区。

【形态特征】落叶乔木，高达20米；树皮厚，褐色，不开裂；小枝粗壮，淡黄色或灰黄色，幼时有绢毛；顶芽大，狭卵状圆锥形，无毛。叶大，近革质，7～9片聚生于枝端，长圆状倒卵形，长

22～45厘米，宽10～24厘米，先端具短急尖或圆钝，基部楔形，全缘而微波状，上面绿色，无毛，下面灰绿色，被灰色柔毛，有

白粉；叶柄粗壮，长2.5～4厘米，托叶痕长为叶柄的2/3。花白色，径10～15厘米，芳香；花梗粗短，被长柔毛，离花被片下1厘米处具包片脱落痕，花被片9～12（17），厚肉质，外轮3片淡绿色，长圆状倒卵形，长8～10厘米，宽4～5厘米，盛开时常向外反卷，内两轮白色，倒卵状匙形，长8～8.5厘米，宽3～4.5厘米，基部具爪，最内轮7～8.5厘米，花盛开时中内轮直立；雄蕊约72枚，长2～3厘米，花药长1.2～1.5厘米，内向开裂，花丝长4～12毫米，红色；雌蕊群椭圆状卵圆形，长2.5～3厘米。聚合果长

圆状卵圆形，长9～15厘米；萼荚具长3～4毫米的喙；种子三角状倒卵形，长约1厘米。花期5～6月，果期8～10月。

【保护价值】树皮、根皮、花、种子及芽皆可入药，以树皮为主，为著名中药，有化湿导滞、行气平喘、化食消痰、驱风镇痛之效；种子有明目益气功效，芽作妇科药用。子可榨油，含油量35%，出油率25%，可制肥皂。木材供建筑、板料、家具、雕刻、乐器、细木工等用。叶大荫浓，花大美丽，可作绿化观赏树种。

十七、连香树

Cercidiphyllum japonicum Sieb.et Zucc.

连香树科 Cercidiphyllaceae

连香树属 *Cercidiphyllum* Sieb. et Zucc.

【保护等级】国家级Ⅱ级

【分布区域】陇南市康县、文县，小陇山林业实验局，甘南藏族自治州舟曲县、迭部县，白龙江林业管理局舟曲林业局、迭部林业局，裕河省级自然保护区，白水江国家级自然保护区。

【形态特征】落叶乔木，高10～20米，少数达40米；树皮灰色或棕灰色；小枝无

毛，短枝在长枝上对生；芽鳞片褐色。叶：生短枝上的近圆形、宽卵形或心形，生长枝上的椭圆形或三角形，长4～7厘米，宽3.5～6厘米，先端圆钝或急尖，基部心形或截形，边缘有圆钝锯齿，先端具腺体，两面无毛，下面灰绿色带粉霜，掌状脉7条直达

边缘；叶柄长1～2.5厘米，无毛。雄花常4朵丛生，近无梗；苞片在花期红色，膜质，卵形；花丝长4～6毫米，花药长3～4毫米；雌花2～6（～8）朵，丛生；花柱长1～1.5厘米，上端为柱头面。蓇葖果2～4个，荚果状，长10～18毫米，宽2～3毫米，褐色或黑色，微弯曲，先端渐细，有宿存花柱；果梗长4～7毫米；种子数

个，扁平四角形，长2～2.5毫米（不连翅长），褐色，先端有透明翅，长3～4毫米。花期4月，果期8月。

【保护价值】为第三纪孑遗植物，在中国和日本间断分布，对于研究第三纪植物区系起源以及中国与日本植物区系的关系，有着重要的科研价值；木材纹理通直，结构细致，呈淡褐色，心材与边材区别明显，且耐水湿，是制作小提琴、室内装修、制造实木家具的理想用材，是稀有珍贵的用材树种。

十八、庙台槭

Acer miaotaiense P.C.Tsoong

槭树科 Aceraceae

槭　属 *Acer* Linn.

【保护等级】省级

【分布区域】小陇山林业实验局

【形态特征】高大的落叶乔木，高20～25米。树皮深灰色、稍粗糙。小枝近于圆柱形，当年生枝紫褐色、无毛，多年生枝灰色，皮孔淡黄色、近

于椭圆形。叶纸质，外貌近于阔卵形，长7～9厘米，宽6～8厘米，基部心脏形或近于心脏形、稀截形，常3～5裂，裂片卵形、先端短急锐尖，边缘微呈浅波状，裂片间的凹块钝形，上面深绿色，无毛，下面淡绿色有短柔毛，沿叶脉较密；初生脉3～5条和次生脉5～7对均在下面较在上面为显著；叶柄比较细瘦，长6～7厘米，基部膨大，无毛。果序伞房状，连同长8～10毫米的总果梗在内约长5厘米，无毛；果梗细瘦，约长3厘米。小坚果扁平，长与宽均

约8毫米，被很密的黄色绒毛；翅长圆形，宽8～9毫米，连同小坚果长2.5厘米，张开几成水平。花期不明，果期9月。

【保护价值】为中国特有种，果实亦较奇特，对保存种质和研究槭属的演化有科学价值。

十九、岷江柏木

Cupressus chengiana S.Y. Hu

柏　科 Cupressaceae

柏木属 *Cupressus* Linn.

【保护等级】国家Ⅱ级

【分布区域】定西市岷县，陇南市武都区、文县，裕河省级自然保护区，甘南藏族自治州舟曲县，白龙江林业管理局舟曲林业局、白龙江林业局，白水江国家级自然保护区。

【形态特征】乔木，高达30米，胸径1米；枝叶浓密，生鳞叶的小枝斜展，不下

垂，不排成平面，末端鳞叶枝粗，径1～1.5毫米，很少近2毫米，圆柱形。鳞叶斜方形，长约1毫米，交叉对生，排成整齐的四列，背部拱圆，无蜡粉，无明显的纵脊和条槽，或背部微有条槽，腺点位于中部，明显或不明显。二年生枝带紫褐色、灰紫褐色或红褐色，三年生枝皮鳞状剥落。成熟的球果近球形或略长，径1.2～2厘米；种鳞4～5对，顶部平，不规则扁四边形或五边形，红褐色或褐色，无白粉；种子多数，扁圆形

或倒卵状圆形，长3～4毫米，宽4～5毫米，两侧种翅较宽。

【保护价值】为中国特有，重要的用材林及水土保持、绿化观赏树种；柏木树干通直，木材可供建筑、家具、农具等用材；枝叶可提炼柏木油；树根提炼柏木油后的碎木，经粉碎成粉后可作为香料。

二十、南方红豆杉

Taxus chinensis (Pilger) Rehd.var. *mairei* (Lemee et Levl.) Cheng et L.K.Fu

红豆杉科 Taxaceae

红豆杉属 *Taxus* Linn.

【保护等级】国家Ⅰ级

【分布区域】小陇山林业实验局，裕河省级自然保护区，白水江国家级自然保护区。

【形态特征】乔木，高达30米，胸径60～100厘米；树皮灰褐色、红褐色或暗

褐色，裂成条片脱落。一年生枝绿色或淡黄绿色，秋季变成绿黄色或淡红褐色，二、三年生枝黄褐色、淡红褐色或灰褐色；冬芽黄褐色、淡褐色或红褐色，有光泽，芽鳞三角状卵形，背部无脊或有纵脊，脱落或少数宿存于小枝的基部。叶排列成两列，条形，微弯或较直，长1～3（多为1.5～2.2）厘米，宽2～4（多为3）毫米，上部

微渐窄，先端常微急尖，稀急尖或渐尖，上面深绿色，有光泽，下面淡黄绿色，有两条气孔带，中脉带上有密生均匀而微小的圆形角质乳头状突起点，常与气孔带同色，稀颜色较浅。雄球花淡黄色，雄蕊8～14枚，花药4～8（多为5～6）。种子生于杯状红色肉质的假种皮中，间或生于近膜质盘状的种托（即未发育成肉质假种皮的珠托）之上，常呈卵圆形，上部渐窄，稀倒卵状，长5～7毫米，径3.5～5毫米，微扁或圆，上部常具二钝棱脊，稀具三条钝脊，先端有突起的短钝尖头，种脐近圆形或宽椭圆形，稀三角状圆形。

【保护价值】材质坚硬，刀斧难入，有"千枞万杉，当不得红榧一枝桠"之称。边材黄白色，心材赤红，质坚硬，纹理致密，形象美观，不翘不裂，耐腐力强。可供建筑、高级家具、室内装修、车辆、铅笔杆等用。

二十一、秦岭冷杉

Abies chensiensis Tiegh.

松　科 Pinaceae

冷杉属 *Abies* Mill.

【保护等级】国家II级

【分布区域】定西市岷县，陇南市宕昌县、文县、武都区，裕河省级自然保护区，小陇山林业实验局，小陇山国家级自然保护区，甘南藏族自治州舟曲县、迭部县，白龙江林业管理局舟曲林业局、白水江林业局、迭部林业局，白水江国家级自然保护区。

【形态特征】常绿乔木，高达40米；一年生枝淡黄色或淡褐黄色，2～3年生枝淡黄

灰色至暗灰色；芽圆锥状卵圆形，稍具树脂。叶在小枝下面2列，在上面呈不规则“V”形排列，线形，长1.5～4厘米，宽3～4毫米，上面深绿色，下面具两条粉白色或灰绿色气孔带，果枝之叶先端尖或圆钝，树脂道中生或近中生，幼树与营养枝的叶先端二裂或凹缺。球果圆柱形

或卵状圆柱形，直立，近无梗，长7～11厘米，直径3～4厘米，熟时淡红褐色；种鳞近肾形，长约1.5厘米，宽约2.5厘米，背面露出部分密生短毛；苞鳞长约种鳞的3/4，不外露，先端圆，有突起的刺状尖头；种子倒三角状椭圆形，长约8毫米；种翅倒三角形，长约1.3厘米，上部宽1厘米。

【保护价值】该树种是西南高山森林树种，西部亚高山固土保水树种，是森林生

态系统顶极群落的主要组成树种；秦岭冷杉木材纹理直，均匀细致，质轻软，易加工，着钉力弱，为最优良的纸浆材；具有观赏价值，树冠圆锥形或尖塔形，亭亭玉立，树态整齐，其赏心悦目的外观使它们在城市绿化中有很高的价值。

二十二、水青树

Tetracentron sinense Oliv.

水青树科 Magnoliaceae

水青树属 *Tetracentron* Oliv.

【保护等级】国家II级

【分布区域】陇南市文县，裕河省级自然保护区，小陇山林业实验局，小陇山国家级自然保护区，甘南藏族自治州舟曲县、迭部县，白龙江林业管理局舟曲林业局、白水江林业局、迭部林业局，白水江国家级自然保护区。

【形态特征】落叶乔木，高可达40米，胸径可达1米，植株各部无毛；树皮淡褐

色或赤褐色，光滑；长枝细长，短枝距状，具叠生球状的芽鳞痕及叶痕。叶互生，低质，心形、卵形至宽卵形状椭圆形，长7～15厘米，先端渐尖或尾状渐尖，基部心形，边缘密生具腺锯齿，基出脉5～7；叶柄长2～3厘米，基部增粗与托叶合生，包围着细长芽。穗状花序生于短枝顶，下垂；花小，无梗，直径2～4毫米，

4朵成一簇，互生于花序轴上；花被片4，淡色或序轴上；花被片4，离生，胚珠通常4。蓇果褐色，4深裂，长2毫米，室背开裂；种子条形。

【保护价值】水青树为第三纪古老孑遗珍稀植物，起源古老，系统位置孤立，生态环境特殊。水青树的木材无导管，对研究古代植物区系的演化、被子植物系统起源具有重要科学价值。

二十三、水曲柳

Fraxinus mandshurica Pupr.

木犀科 Oleaceae

梣　属 *Fraxinus* Linn.

【保护等级】国家Ⅱ级

【分布区域】裕河省级自然保护区，小陇山林业实验局，小陇山国家级自然保护区，甘南藏族自治州舟曲县、迭部县，白水江国家级自然保护区。

【形态特征】落叶大乔木，高达30米以上，胸径达2米；树皮厚，灰褐色，纵裂。水曲柳芽大，圆锥形，黑褐色，芽鳞外侧平滑，无毛，在边

缘和内侧被褐色曲柔毛。小枝粗壮，黄褐色至灰褐色，四棱形，节膨大，光滑无毛，散生圆形明显凸起的小皮孔；叶痕节状隆起，半圆形。羽状复叶长25～35厘米；叶柄长6～8厘米，近基部膨大，干后变黑褐色；叶轴上面具平坦的阔沟，沟棱有时呈窄翅状，小叶着生处具关节，节上簇生黄褐色曲柔毛或秃净；小叶7～11枚，纸质，长圆形至卵状长圆形，长5～20厘米，宽2～5厘米，先端渐尖或尾尖，基部楔形至钝圆，稍歪斜，叶缘具细锯齿，上面暗绿色，

无毛或疏被白色硬毛，下面黄绿色，沿脉被黄色曲柔毛，至少在中脉基部簇生密集的曲柔毛，中脉在上面凹入，下面凸起，侧脉10～15对，细脉甚细，在下面明显网结；小叶近无柄。圆锥花序生于枝上，先叶开放，长15～20厘米；花序梗与分枝具窄翅状锐棱；雄花与两性花异株，均无花冠和花萼；雄花序紧密，花梗细而短，长3～5毫米，雄蕊2枚，花药椭圆形，花丝甚短，开花时迅速伸长；两性花序稍松散，花梗细而长，两侧常着生2枚甚小的雄蕊，子房扁而宽，花柱短，柱头2裂。翅果大而扁，长圆形至倒卵状披针形，长3～3.5厘米，宽6～9毫米，中部最宽，先端钝圆、截形或微凹，翅下延至坚果基部，明显扭曲，脉棱凸起。花期4月，

果期8～9月。

【保护价值】水曲柳材质优良，可制各种家具、乐器、体育器具、车船、机械及特种建筑材料。同时，对于研究第三纪植物区系及第四纪冰川期气候具有科学意义。

二十四、西康玉兰

Magnolia wilsonii (Finet et Gagn) Rehd.

木兰科 Magnoliaceae

木兰属 *Magnolia* Linn.

【保护等级】国家II级

【分布区域】白水江国家级自然保护区。

【形态特征】落叶小乔木，高8米；树皮灰褐色，有明显的木栓质；小枝红紫色，初被长柔毛。叶纸质，椭圆状卵形或长圆状卵形，长6～13（～28）厘米，宽3～6（～11）厘米，先端尖或渐尖，基部圆形或有时

微心形，上面沿中脉及侧脉初被柔毛，下面密被银灰色平伏长柔毛，沿脉之毛褐色；叶柄长1～4（～6）厘米，被柔毛，托叶痕几达叶柄顶端。花与叶同时开放，下垂，白色，芳香，直径10～12厘米；花梗细，长2～5厘米，被褐色长柔毛，下弯；花被片9（12），外轮与内两轮近等大，宽匙形或倒卵形，先端圆形；雄蕊长8～12毫米，花药紫红色；雌蕊群绿色，卵状圆柱形，长1.5～2厘米，心皮长1厘米，先端有弯曲的长柱头，聚合果下垂，椭圆状圆柱形，长6～10厘米，直径2～3厘米，熟时紫褐色；蓇葖具喙；种子长约6毫米。

【保护价值】西康玉兰为木兰属较原始种类，对本属的系统发育研究具有一定的科学价值，其花大而美丽，可作为庭园观赏植物。

二十五、香果树

Emmenopterys henryi Oliv.

茜草科 Rubiaceae

香果树属 *Emmenopterys* Oliv.

【保护等级】国家II级

【分布区域】陇南市康县、武都区、文县，裕河省级自然保护区，白水江国家级自然保护区。

【形态特征】落叶大乔木，高达30米，胸径达1米；树皮灰褐色，鳞片状；小枝

有皮孔，粗壮，扩展。叶纸质或革质，香果树阔椭圆形、阔卵形或卵状椭圆形，长6～30厘米，宽3.5～14.5厘米，顶端短尖或骤然渐尖，稀钝，基部短尖或阔楔形，全缘，上面无毛或疏被糙伏毛，下面较苍白，被柔毛或仅沿脉上被柔毛，或无毛而脉腋内常有簇毛；侧脉5～9对，在下面凸起；叶柄长2～8厘米，无毛或有柔毛；托

叶大，三角状卵形，早落。圆锥状聚伞花序顶生；花芳香，花梗长约4毫米；萼管长约4毫米，裂片近圆形，具缘毛，脱落，变态的叶状萼裂片白色、淡红色或淡黄色，纸质或革质，匙状卵形或广椭圆形，长1.5～8厘米，宽1～6厘米，有纵平行脉数条，有长1～3厘米的柄；花冠漏斗形，白色或黄色，长2～3厘米，被黄白色绒毛，裂片近圆形，长约7毫米，宽约6毫米；花丝被绒毛。蒴果长圆状卵形或近纺锤形，长3～5厘米，径1～1.5厘米，无毛或有短柔毛，有纵细棱；种子多数，小而有阔翅。花期6～8月，果期8～11月。

【保护价值】古老孑遗植物，

中国特有单种属珍稀树种。树干高耸，花美丽，可作庭园观赏树。树皮纤维柔细，是制蜡纸及人造棉的原料。木材无边材和心材的明显区别，纹理直，结构细，供制家具和建筑用。耐涝，可作固堤植物。

二十六、宜昌橙

Citrus ichangensis Swingle

芸香科 Rutacerae

柑橘属 *Citrus* L.

【保护等级】省级

【分布区域】白水江国家级自然保护区。

【形态特征】小乔木或灌木，高2～4米。枝干多劲直锐刺，刺长1～2.5厘米，花枝上的刺通常退

化。叶身卵状披针形，大小差异很大，大的长达8厘米，宽4.5厘米，小的长2～4厘米，宽0.7～1.5厘米，顶部渐狭尖，全缘或叶缘有细小的钝裂齿；翼叶比叶身略短小至稍长。花通常单生于叶腋；花蕾阔椭圆形；萼5浅裂；花瓣淡紫红色或白色，小花的花瓣长1～1.2厘米，宽0.5厘米，大花的长1.5～1.8厘米，宽6～8毫米；雄蕊20～30枚，花丝合生成多束，偶有个别离生；花柱比花瓣短，早落，柱头约与子房等宽。果扁圆形、圆球形或梨形，顶部短乳头状突起或浑圆，通常纵径3～5厘米，横径4～6厘米，梨形的纵径9～10厘米，横径7～8厘米，淡黄色，粗糙，油胞大，明显凸起，果皮厚3～6毫米，或较薄或更厚，果心实，瓢囊7～10瓣，果肉淡黄白色，甚酸，兼有苦及麻舌味；种子30粒以上，近圆形而稍长，或不规则的四面体，2或3面近于平坦，一面浑圆，长、宽均达15毫米，厚约12毫米，种皮乳黄白色，合点大，几占种皮面积的一半，深茶褐色，子叶乳白色，单或多胚。花期5～6月，果期10～11月。

【保护价值】具有很高的营养价值和药用价值。维生素C含量很高，可减少胆结石的发病率；常吃宜昌橙可以防癌，行气宽中。

二十七、油樟

Cinnamomum longepaniculatum (Gamble) N.Chao ex H.W.Li

樟科 Lauraceae

樟属 *Cinnamomum* Trew

【保护等级】国家Ⅱ级

【分布区域】陇南市康县、文县，小陇山林业实验局，小陇山国家级自然保护区，裕河省级自然保护区，白水江国家级自然保护区。

【形态特征】乔木，高达20米，胸径50厘米；树皮灰色，光滑。枝条圆柱形，

无毛，幼枝纤细，多少压扁，无毛。芽大，卵珠形，长达8毫米，芽鳞密集，卵圆形，先端具小突尖，外面密被灰白微柔毛。叶互生，卵形或椭圆形，长6～12厘米，宽3.5～6.5厘米，先端骤然短渐尖至长渐尖，常呈镰形，基部楔形至近圆形，边缘软骨质，内卷，薄革质，上面深绿色，光亮，下面灰绿色，晦暗，两面无毛，羽状脉，侧脉每边约4～5条，最下一对侧脉有时对生，因而呈离基三出脉状，中脉与侧脉两面凸起，侧脉均向叶缘处消失，侧脉脉腋在上面呈泡状隆起，下面有小腺窝，横脉两面多少明显，细脉网结状，两面在放大镜下呈小浅窝穴；叶柄长2～3.5厘米，腹平背凸，淡绿色，稍带红，无毛。圆锥花序腋生，纤细，长9～20厘米，具分枝，分枝细弱，叉开，长达5厘米，末端二歧

状，每岐为3～7花的聚伞花序，序轴无毛，总梗细长，长3～10厘米。花淡黄色，有香气，长2.5毫米，开展时直径达4毫米;花梗纤细，长2～3毫米，无毛。花被筒倒锥形，长约1毫米，花被裂片6，卵圆形，长约1.5毫米，近等大，先端锐尖，外面无毛，内面

密被白色丝状柔毛，具腺点。能育雄蕊9，花丝被白柔毛，第一、二轮雄蕊长约1.5毫米，花丝无腺体，花药卵圆状长圆形，药室4，内向，第三轮雄蕊长1.8毫米，花药长圆形，稍短于花丝，药室4，外向，花丝基部有一对具短柄的圆状肾形腺体。退化雄蕊3,位于最内轮，长约1毫米，被白柔毛。子房卵珠形，长约1毫米，无毛，花柱纤细，长1.5毫米，柱头不明显。幼果球形，绿色，直径约8毫

米；果托长5毫米，顶端盘状增大，宽达4毫米。花期5～6月，果期7～9月。

【保护价值】樟油是天然香料油，不含毒素；主要产品是桉叶素，国际市场需求很大。油樟是成片造林和四旁绿化的首选树种。

国家林业局关于
全面启动第二次全国重点保护
野生植物资源调查有关工作的通知

林护发〔2012〕87号

各省、自治区、直辖市林业厅（局），内蒙古、吉林、龙江、大兴安岭森工（林业）集团公司，新疆生产建设兵团林业局，国家林业局调查规划设计院：

依据《野生植物保护条例》有关规定和我局“十二•五”重点工作总体部署，为全面摸清我国野生植物资源状况和动态变化，在财政部的大力支持下，我局于2010年开始筹备第二次全国重点保护野生植物资源调查，2011年成立了全国专家委员会并完成了调查试点。在此基础上，经广泛征求各方意见，研究制定了《第二次全国重点保护野生植物资源调查工作大纲》（以下简称《工作大纲》）和《第二次全国重点保护野生植物资源调查技术规程》（以下简称《技术规程》），并通过了专家论证。现印发给你们，并就全面启动第二次全国重点保护野生植物资源调查的有关事项通知如下：

一、高度重视，加强领导

定期开展野生植物资源调查，掌握资源本底信息和动态变化，是各级野生植物行政主管部门的法定职责，更是政策制定和管理决策不可或缺的科学依据，意义重大。各省（自治区、直辖市，以下同）林业主管部门要予以高度重视，作为一项重点工作来抓，成立专门的调查领导小组，指定专人领导和组织实施。要主动向地方政府汇报，并积极与地方财政等有关部门沟通协调，争取支持与配合；要在认真总结第一次全国重点保护野生植物资源调查经验的基础上，根据《工作大纲》的原则要求，制定符合本省实际的切实可行的资源调查工作方案，明确调查组织形式，确保如期高质量完成本次调查任务。

二、认真组织实施，严格技术规范

各省调查领导小组全面负责本省资源调查工作的组织实施。考虑到我国地域辽阔、地形气候等自然条件复杂，野生植物及其分布多样，各省要根据《技术规程》的有关规定，结合本省的资源分布特点和工作基础，制定可操作强的资源调查实施细则，明确调查方法、技术路线和采用的技术手段，确保调查数据和信息的统一性、科学性和科技含量；要结合本省的技术力量，充分发挥本省与本次调查专业相关的科研院所（校）的技术优势，组织经验丰富、技术扎实的专家组和调查队伍，增强调查过程的专业性和调查结果的准确性。

三、加强指导检查，强化质量保障

各省要根据《工作大纲》关于调查质量管理的有关要求，充分依靠和发挥本省资源调查专家组等力量的科技支撑作用，做好各类调查技术文件的制定和审核工作；要认真开展调查技术培训，加强对野外调查的技术指导，确保调查方法和技术路线得到正确执行；要制定专门的阶段性自查和检查验收办法和措施，建立调查质量责任追究制度，及时发现和解决问题，及时上报有关情况，坚决杜绝弄虚作假、伪造调查过程和调查数据的情形发生，切实保障调查结果的真实可靠。

四、强化信息管理，严格发布程序

各省对野外调查、内业汇总、统计分析、成果报告等各个环节的所有调查数据、信息和结果，均须妥善建档保存，严格管理；各省调查成果报告须经本省组织专家评审后按程序上报我局，由我局适时统一正式对外发布。未经我局同意，任何单位和个人不得擅自对外发布本次调查的任何相关信息。

五、突出重点，充实完善

本次全国资源调查确定了313种野生植物作为调查对象，其中明确规定了重点调查物种163种， 一般调查物种150种。各省在组织实施过程中，要结合本省的调查组织形式和技术力量，区分轻重缓急，突出调查重点，有序开展调查；在保障上述物种调查任务的前提下，可根据本省野生植物资源状况和管理工作需求，适当增加本省的调查物种，以充分发挥本次调查队伍的作用，进一步提升调查成效。

六、增强安全意识，强化后勤保障

由于此次调查的物种大多分布在偏远深山，调查任务十分繁重，调查过程充满风险，调查条件十分恶劣，各省在组织实施调查过程中，务必要强调安全意识，做好各项安全保障的准备和应急预案，切实保护好每一位调查队员和指导专家的野外安全。

特此通知。

附件：1. 《第二次全国重点保护野生植物资源调查工作大纲》（略）

2. 《第二次全国重点保护野生植物资源调查技术规程》（略）

国家林业局

2012年4月13日

甘肃省林业厅关于开展第二次全国重点保护野生植物资源调查工作的通知

甘林护函〔2014〕246号

各市（州）林业（农林）局，厅直有关单位：

为进一步摸清全省范围内重点保护野生植物资源的本底情况和动态变化，确定我省野生植物物种生态红线，根据《国家林业局关于启动第二次全国重点保护野生植物资源调查有关工作的通知》（林护发〔2012〕87号）精神，省厅决定在全省范围内开展第二次全国重点保护野生植物资源调查工作，并组织有关专家和技术人员编制了《第二次全国重点保护野生植物资源调查甘肃省实施细则》（以下简称《实施细则》），为了保障全省调查工作圆满完成，现就有关事项通知如下。

一、调查对象

根据《全国重点保护野生植物资源调查技术规程》的调查物种名单，确定在我省有分布或可能有野生资源分布的岷江柏木、秦岭冷杉、大果青杆、红豆杉、南方红豆杉、巴山榧树、梓叶槭、庙台槭、裸果木、连香树、梭梭、红豆树、厚朴、西康玉兰、水青树、红椿、珙桐、光叶珙桐、水曲柳、肉苁蓉、沙拐枣、独叶草、蒙古扁桃、香果树、宜昌橙、沙生柽柳、油樟、独花兰等28个物种为我省的野生资源调查对象。

二、调查范围

根据《甘肃省林业厅关于上报第二次全国重点保护野生植物资源调查有关信息的紧急通知》（甘林护函〔2012〕703号）要求和各地各单位上报的调查对象分布种类和面积，省厅确定了调查对象所在的陇南市等9个市（州）34个县（市辖区、县级市、自治县）、白水江等9个国家级自然保护区、裕河省级自然保护区以及白龙江林业管理局、小陇山林业实验局为此次的调查范围。按照行政区划、地理位置、管理能力、人员状况、技术力量等因素，全省划定20个调查区50个调查单元，详见《实施细则》。

三、调查时间安排

2014年4～5月，各调查单元制定调查实施方案，组建调查队伍。5月31日前将实施方案上报省厅。

2014年5月，全省调查培训。

2014年6～8月，完成小陇山林业实验局、9个国家级自然保护区的野外调查和阶段性自查工作。8月31日前将调查成果上报省厅。

2014年9月，对小陇山林业实验局、9个国家级自然保护区进行省级检查验收。

2014年6月至2015年7月，完成9个市（州）34个县、白龙江林业管理局、裕河省级自然保护区的外业调查和阶段性自查工作。2015年7月31日前将调查成果上报省厅。

2015年8～9月，对9个市（州）34个县、白龙江林业管理局、裕河省级自然保护区进行省级检查验收。

2015年10～12月完成全省调查数据分析、撰写调查报告并进行专家评审后上报国家林业局。

2016年完成国家检查验收工作。

四、调查要求

（一）提高认识，加强领导

定期开展野生植物资源调查，掌握资源本底信息和动态变化，是各级林业行政主管部门的法定职责，更是政策制定和管理决策不可或缺的科学依据。本次调查由各地各单位分别组织实施，各地各单位要高度重视，精心安排，成立调查领导小组，制定具体实施方案，指定专人具体负责组织实施。各调查单元要抽调经验丰富、技术扎实的技术人员组成调查队伍，确保如期高质量完成此次调查任务。

（二）严格技术规范，强化质量保障

各地各单位要根据《实施细则》的有关规定，严格执行相应的调查方法、技术路线、技术手段，确保调查数据和信息的统一性与科学性。各调查区和调查单元要分别成立以主管领导为组长的质量监督检查组，负责本辖区调查的检查验收和质量管理工作，及时发现和解决问题，坚决杜绝弄虚作假、伪造调查过程和调查数据的情形发生，切实保障调查结果的真实可靠。

（三）强化信息管理，严格发布程序

国家重点保护野生植物社会关注度高，敏感性强，参与此次调查工作的单位和个人，要严格遵守调查情况通报和信息发布制度，对此次野外调查资料、野外拍摄影像资料及调查成果要严格加强管理，由专人进行保管，防止资料遗失和外传，调查结束后所有调查资料要一律建档保存。未经国家林业局和省林业厅同意，任何单位和个人不得擅自对外发布本次调查的任何相关信息。

（四）增强安全意识，强化后勤保障

本次调查的物种均分布在偏远深山，地形地貌复杂，调查任务繁重，调查过程充满风险，调查条件十分恶劣。各地各单位在组织调查过程中，要着重强调安全意识，做好各项安全保障的准备和应急预案，切实保护好每一位调查队员的野外人身安全。省厅将根据各单位任务量完成情况给予调查队员和专家适当补贴，各地各单位要全力做好后勤保障工作，确保本次调查顺利完成。

特此通知。

附件：第二次全国重点保护野生植物资源调查甘肃省实施细则（略）

甘肃省林业厅

2014年4月30日